"贵州乡村振兴"书系获
贵州出版集团有限公司出版专项资金
资　助

U0831988

“畜禽养殖技术手册”丛书

蛋鸡
养殖技术手册

贵州省农学会　贵州农业职业学院 / 编
曹　娟　彭　琼 / 主编

贵州出版集团
贵州科技出版社
·贵　阳·

图书在版编目（CIP）数据

蛋鸡养殖技术手册 / 贵州省农学会，贵州农业职业学院编 ; 曹娟，彭琼主编. -- 贵阳 : 贵州科技出版社，2023.7

（“畜禽养殖技术手册”丛书）

ISBN 978-7-5532-1224-1

Ⅰ. ①蛋… Ⅱ. ①贵… ②贵… ③曹… ④彭… Ⅲ. ①卵用鸡-饲养管理-手册 Ⅳ. ①S831.4-62

中国国家版本馆CIP数据核字(2023)第123107号

蛋鸡养殖技术手册

DANJI YANGZHI JISHU SHOUCE

出版发行 贵州出版集团 贵州科技出版社

地　　址 贵阳市观山湖区会展东路 SOHO 区 A 座（邮政编码：550081）

出 版 人 王立红

经　　销 全国各地新华书店

印　　刷 贵州新华印务有限责任公司

版　　次 2023 年 7 月第 1 版

印　　次 2023 年 7 月第 1 次

字　　数 48 千字

印　　张 2.625

开　　本 787 mm x 1092 mm 1/32

定　　价 15.00 元

“贵州乡村振兴”书系编委会

主　　编：宋宝安

常务副主编：（按姓氏笔画排序）

冉江舟　冯泽蔚　苏　跃　杨光红　何世强　陈嬝嬝　孟平红

副 主 编：（按姓氏笔画排序）

刘　涛　许　杰　李正友　杨　文　余金勇　张效平　胡远东
曹　雨　戴　燚

编　　委：（按姓氏笔画排序）

王家伦　文晓鹏　邓庆生　石　明　冉江舟　付　梅　冯泽蔚
吕立堂　朱国胜　乔　光　任　红　刘　涛　刘　锡　刘　镜
许　杰　苏　跃　李　敏　李正友　李祥栋　杨　文　杨光红
何世强　余金勇　余常水　邹　军　宋宝安　张　林　张文龙
张廷刚　张依欲　张效平　张福平　陈　卓　陈泽辉　陈嬝嬝
孟平红　赵大琴　胡远东　钟　华　钟孟淮　姜海波　姚俊杰
秦利军　曹　雨　龚　俞　章洁琼　董　璇　曾　涛　雷　阳
蔡永强　燕志宏　戴　燚

“畜禽养殖技术手册”丛书编委会

主　编：彭中友　支　锐

副主编：乔艳龙　曹　娟

委　员：（按姓氏笔画排序）

支　锐　乔艳龙　李珊珊　李洪林

陈　利　陈　颖　班明政　桂国弘

曹　娟　彭　琼　彭中友　廖　飞

总序

“贵州乡村振兴”书系诞生于如火如荼实施的乡村振兴战略大背景之中，从立意、策划、约请作者、编辑书稿、整体设计，直至当前首批成果即将付梓，时间已过去三年。三年中，书系历经多次思路的调整和具体方案的修改，人事也多有变更，但书系所有参与者为乡村种植、养殖产业发展提供技术服务，为乡村生态文明建设提供价值引领，为乡村振兴取得新成果进行总结与宣传的“初心”，迄今没有改变。

编辑出版“贵州乡村振兴”书系，主要目的是让最前沿的科学知识和成熟的实用技术尽快转化为解决实际问题的要素和生产力提升的推进器。伴随着“贵州乡村振兴”书系抵达田间地头，实用知识和技术“飞入寻常百姓家”。在中国这样有着悠久历史的农业大国，农业科学技术日新月异，不断地推动着种植业、养殖业的发展；与此同时，我国是人口大国，为人民健康保驾护航的医学同样发展迅速。快速发展意味着科学知识、实用技术更新迭代的加快，只有使用最新的成熟技术和知识，才能为贵州产业发展、生态环保、健康生活提供保障，满足广大群众的期盼和渴求。书系中的各个板块，都力图将相关领域最新科学知识和技术化繁为简、化难为易，让阅读该书的广大群众尽快掌握和运用。

在形式上，书系以图文搭配、图文互彰的活泼形式，让严谨的科技知识更易被普通群众接受。书系的主要服务对象为活跃在田间地头的科技特派员、村里的种植户与养殖户（包括合作社、公司等负责人）、农村特殊人群（如患常见疾病的病人、职业病病人、孕产妇、老年人、儿童等）、驻守一线的村干部、返乡大学生、农技员等，如何将正确的理念、前沿的知识、优秀的技术“接地气”地传达给他们，经调查研究、试验、甄别，参考优秀“三农”图书，最终，我们采用科普读物、学术专著兼具，但对科普有所偏重的组织架构。其中，科普读物采用清晰明了的图片、图示配合简明易懂的文字这一出版形式：文字简洁，可以让读者直接抓住实用知识和信息，不走弯路，节省时间；清晰的图片、图示，既可将方块字、数据蕴含的信息可视化，又能丰富和补充文字信息，甚至能呈现由于文字自身的模糊性而无法清楚传递的信息。活泼的设计也有助于调节视觉疲劳和阅读节奏，让纯粹以获取知识和技能、解决问题和困难为目的的阅读不再枯燥乏味。此外，书系中大部分图书采用了口袋书设计，便于携带。

书系的作者，都是在相关领域有扎实的专业知识的。在种植、养殖板块，我们邀请了从事教学和研究多年的专家，以及长期深入田间地头指导具体操作的科技特派员和农技员；在健康板块，作者都从医多年，对于农村人群健康素养水平的提升、常见疾病的防治等经验丰富；在农村“五治”（治垃圾、治厕、治水、治房、治风）板块，我们邀请了从事规划和教学的专家……总之，书系作者既对自己研究的领域有扎实研究，又熟悉贵州的气候、资源禀赋、地形地貌等，与此同时，他们还十分了解这片土地上生活着的人们内心的期待和需求，有着以自身所学所研回馈这片土地的质朴赤子情，也有着“将论文写在大地上”的奋斗精神。

“贵州乡村振兴”书系目前包含“生态农村建设系列”丛书、“农村健康生活知识手册”丛书、“茶叶栽培加工技术手册”丛书、“特色中药材种植养殖技术手册”丛书、“林木作物、农作物种植技术手册”丛书、“畜禽养殖技术手册”丛书、“水产生态养殖技术手册”丛书、“农技员培训系列”丛书等。随着乡村振兴战略的实施，我们也将适时新增板块，以配合和助力贵州乡村振兴的强力推进。当然，虽名为“贵州乡村振兴”书系，主要是为配合贵州乡村振兴工作而策划，但也适用于国内其他部分省（区、市）。

贵州曾是全国脱贫攻坚主战场，当前则是全国乡村振兴战略实施的主战场，统筹城乡一体化发展的任务十分艰巨。

希望“贵州乡村振兴”书系的推出，可以切实助力于“新型工业化、新型城镇化、农业现代化、旅游产业化”目标的实现，乃至助力于全面建成社会主义现代化强国和实现中华民族伟大复兴。

是为序。

中国工程院院士
贵州大学校长

2023年3月

目 录

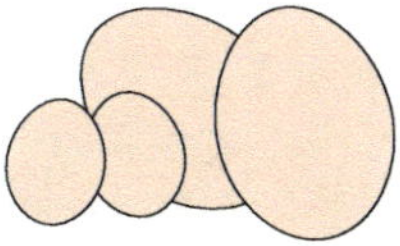

第一篇

蛋鸡的种类有哪些？

鸡蛋分类

蛋鸡是指饲养起来专门产蛋的鸡。跟肉鸡不同，蛋鸡体形小、体重轻。常见的蛋鸡品种有白来航鸡、北京白鸡、罗曼褐壳蛋鸡等。鸡蛋是饲养蛋鸡的主要收入来源，鸡蛋的常见分类如下：

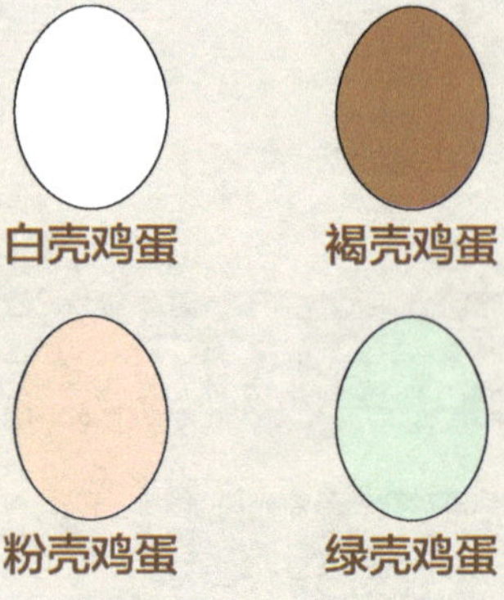

白来航鸡

• 产地：原产于意大利，20世纪引入我国饲养。

• 特征：该品种蛋鸡体形小，全身羽毛白色；喙、胫、趾和皮肤均呈黄色。

• 产量：年产蛋200~300枚，单枚蛋平均重量为54~60克（500克=1斤）*，蛋壳呈白色。

* 鉴于本书为农业科普性质图书，为便于广大农民群众阅读理解与实际操作，在全书第一次出现“克”处给予其与“斤”的换算关系。

北京白鸡

- 产地：产于北京，由北京市种禽公司培育，目前在国内饲养量最大。推出的最优品种是京白904。
- 特征：该品种蛋鸡具有体形小、产蛋率高、适应性强、饲养成本低等特点，是一种优良的白壳蛋鸡品种。
- 产量：年产蛋280~291枚，单枚蛋平均重量为58克，蛋壳呈白色。

罗曼褐壳蛋鸡

- 产地：产于德国。我国1989年引入罗曼褐壳蛋鸡的曾祖代种鸡。
- 特征：该品种蛋鸡羽毛红褐色，生长发育快，适应能力强，开产早，开产体重在1500克左右。
- 产量：年产蛋280~295枚，单枚蛋平均重量为63.5~64.5克，蛋壳呈褐色。

伊莎褐壳蛋鸡

- 产地：产于法国。我国1986年引入伊莎褐壳蛋鸡的祖代种鸡。
- 特征：该品种蛋鸡羽毛棕色，产蛋量高，产蛋期长，开产体重1500~1700克。
- 产量：年产蛋280~290枚，单枚蛋平均重量为63~65克，蛋壳呈褐色。

京粉1号蛋鸡

- 产地：北京。
- 特征：京粉1号蛋鸡成鸡平均体重2000克，产蛋期日耗料105克，产蛋高峰期产蛋率可达96%，产蛋时间可持续6个月以上。
- 产量：年产蛋约310枚单枚蛋平均重量为62克，蛋壳呈粉色。

绿壳蛋鸡

- 产地：产于贵州、江西、湖南、四川等地。绿壳蛋鸡，因产绿壳蛋而得名，是中国特有禽种，被农业农村部列入“全国特种资源保护项目”。
- 特征：该品种蛋鸡体形小，性成熟早、抗病力强，适应性强。成年母鸡体重950~1550克，其产的绿壳蛋具有极高的营养保健价值。
- 产量：年产蛋160~180枚，单枚蛋平均重量为40~50克，蛋壳呈绿色。

第二篇

在哪里养蛋鸡？

养殖场的选址

蛋鸡养殖场的选址应根据饲养规模、生产特点、生产线自动化程度等实际情况进行慎重和全面的考虑。

场地要方正、平坦，且稍有一定的坡度，便于排水；要背风向阳，应避开西北风向的山口和长形谷地。

场址应距离市区20~50公里；距离居民点和其他家禽养殖场15公里左右；距离主要公路400米左右，以确保交通便利。此外，还需要充足的水源和良好的水质，同时要有稳定的电力供应。

避免在养殖密集区、生活水源区、风景名胜区、自然保护区等地建立养殖场。

第二篇

养殖场的规划布局

- 蛋鸡养殖场分为生活区、行政区和生产区。其中生活区、行政区应和生产区严格分开并相隔一定距离以方便管理和确保养殖场的正常运行。
- 生产区作为养殖场的核心，每栋鸡舍之间应使用绿化隔离带进行隔离。从上风向至下风向，应依次为育雏鸡舍、育成鸡舍和产蛋鸡舍。

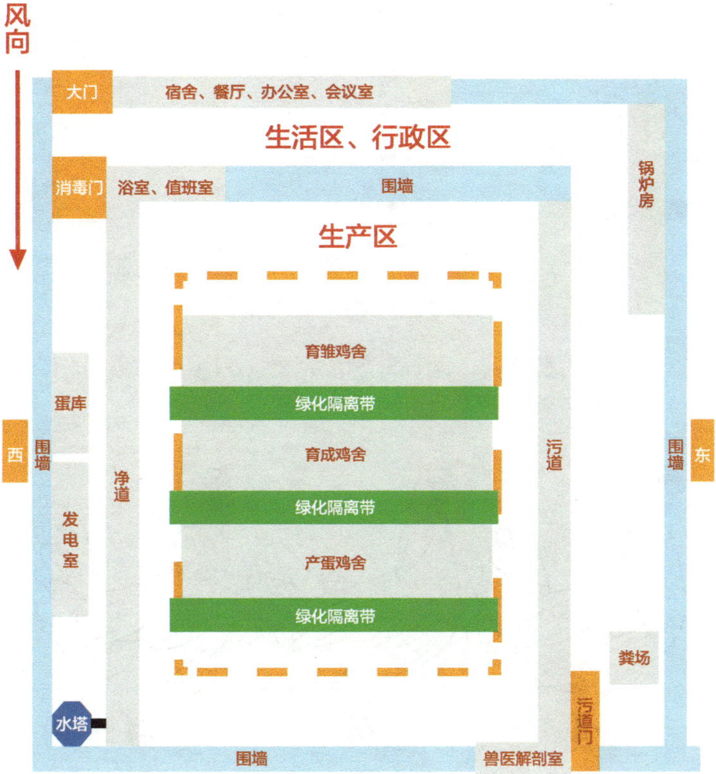
风向
大门
宿舍、餐厅、办公室、会议室
生活区、行政区
消毒门
浴室、值班室
围墙
锅炉房
生产区
育雏鸡舍
绿化隔离带
育成鸡舍
绿化隔离带
产蛋鸡舍
绿化隔离带
蛋库
西
围墙
净道
发电室
污道
围墙
东
粪场
水塔
污道门
围墙
兽医解剖室

鸡舍的建筑设计

★ **关键点**

• 确保通风、保温、光照充足。

★ **形式**

• 全封闭式蛋鸡舍。四壁无窗，环境条件完全由人工控制，适合大型机械化鸡场和育种公司。

• 开放式蛋鸡舍。南、北墙没有窗，采用自然通风和光照，适合广大农村地区。

全封闭式蛋鸡舍

开放式蛋鸡舍

蛋鸡的养殖方式

笼养

采用结构重叠的笼具，系统地饲养鸡群的生产方式，鸡笼层数一般为3~8层。

平养

利用各种地面结构在平面上饲养鸡群的方式。

第三篇

如何管理蛋鸡？

生长阶段

雏鸡（0~6 周龄）

育成鸡（7~20 周龄）

产蛋鸡（21~72 周龄）

★ 雏鸡的饲养管理目标

健康　　成活率高　　生长发育良好

★ 育雏前的准备

• 选择育雏方式:

地面育雏　　网上育雏　　鸡笼育雏

• 鸡舍及设备消毒:

清扫 ⟶ 冲洗 ⟶ 消毒

• 准备饲料、用具及药品:

如料槽、饮水器、疫苗、消毒用品等。

• 准备工作完成以后，就可以开始养小鸡了。

饮水

- 初次饮水在雏鸡出生后 24 小时左右，水务必干净卫生。
- 饮水器选择：真空饮水器、普拉松饮水器、自动杯式饮水器及乳头式饮水器。

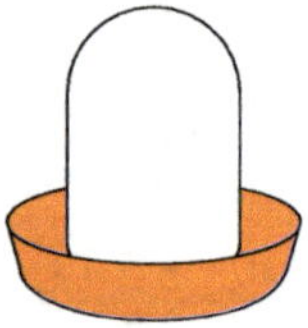

真空饮水器

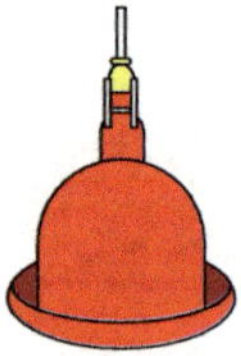

普拉松饮水器

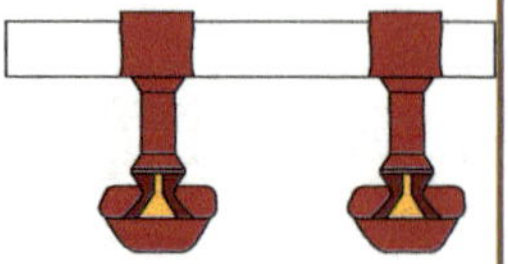

自动杯式饮水器
（杯中一直有水）

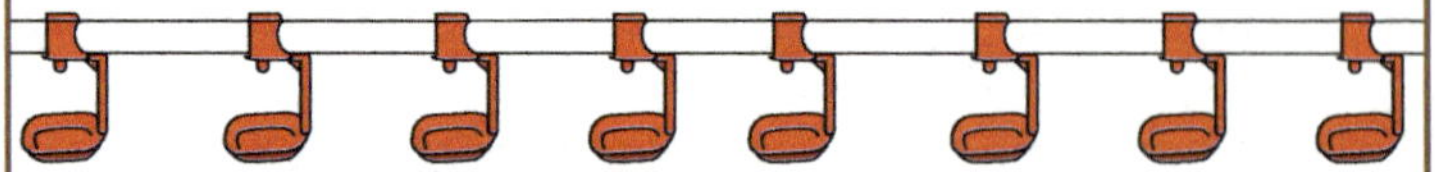

乳头式饮水器（1~5日龄应保持饮水器中经常有水，每个饮水器可供10~15只雏鸡饮水）

饲喂

- 初次饮水1~2小时后开食。
- 前3~4天使用开食盘，随后逐渐过渡到料槽、平养料桶、料线。
- 饲喂原则为“少添、勤喂、八成饱”；饲料中需添加适量碎沙石帮助鸡消化。

★ 采食用具

采食用具适用表见表3-1。

表 3-1 采食用具适用表

周龄	0~4 周	4~16 周
开食盘	50 只 / 盘	—
平养料桶	50 只 / 桶	20 只 / 桶
料槽 / 自动料线	2.5cm/ 只	10cm/ 只

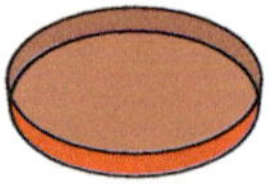

开食盘

（3天后逐渐过渡）

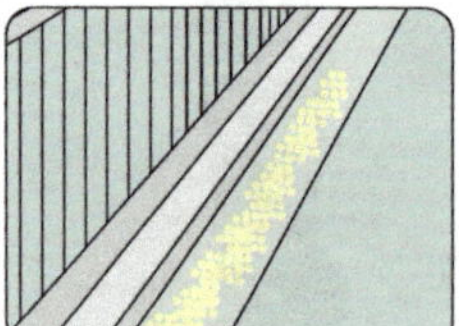

笼养料槽

平养料桶

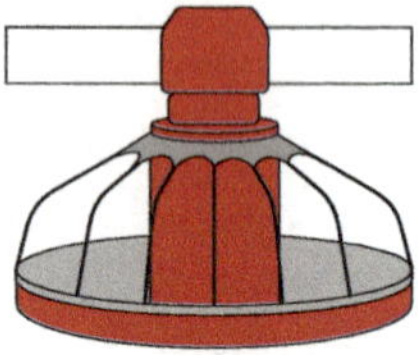

平养自动料线

鸡舍环境

★ 温度

鸡舍温度见表3-2。

表 3-2　鸡舍温度表

进舍时间	1~3 天	4~7 天	7 天以后
温度	34~35 ℃	32~33 ℃	每周降 2~3 ℃，直至室温

饲养时应观察雏鸡的状况调节温度，可采用升温、关闭门窗等方式进行温度调节。

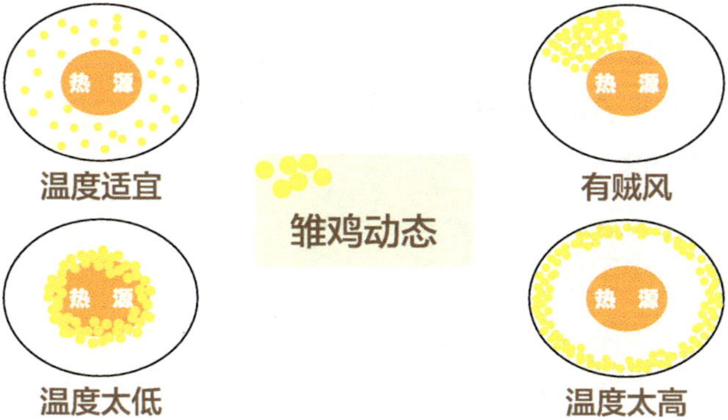

★ **湿度**

鸡舍空气相对湿度见表3-3。

表 3-3　鸡舍空气相对湿度表

进舍时间	前 3 天	前 2 周	2 周以后
湿　度	60%~70%	55%~65%	45%~55%

前几天湿度高，后几天湿度低。
加湿方法：放置水盘、地面洒水、喷雾等。

★ **通风**

- 目的：排除有害气体。
- 前3天以保温为主，天气炎热可适当开通风机；第4天开始适度通风，此后逐渐加大通风量。

★ **养殖密度**

- 养殖密度过大：影响生长发育。
- 养殖密度过小：增加饲养成本。
- 1~2周龄适宜的养殖密度：笼养，每立方米60只；平养，每立方米30只。

• 3~4周龄适宜的养殖密度：笼养，每立方米40只；平养，每立方米25只。

★ **光照**

• 前3天，每天24小时光照。

• 4~7天调整为每天22小时光照。

• 随后逐渐减至每天10小时光照或自然光照。

雏鸡断喙

- 雏鸡断喙的目的是防止饲料浪费和避免形成啄癖。
- 断喙时间：第一次为6~10日龄；第二次为14~16周龄。
- 断喙部位：距鼻孔2毫米处斜切，将上喙断去1/2~2/3，下喙断去1/3。

- 断喙顺序：

育成鸡饲养管理

★ 管理目标

- 健康无病。
- 体重均匀度和体态均匀度达标。
- 体成熟和性成熟同步。
- 肌肉发育良好，无多余脂肪。

鸡群转舍注意事项

- 饲料中应添加抗应激药物，以减轻鸡的应激反应。
- 在转舍前 6~12 小时停止喂料，但要保持供水。
- 新鸡舍要提前准备好饲料和饮用水，并使用原来的饲料。
- 将体弱或患病的鸡挑选出来。
- 确保转舍道路、鸡舍及设备都进行了消毒。
- 抓鸡动作要规范，避免鸡受伤。

特殊管理事项

育成期的饲养具有连贯性，环境管理与育雏期基本相同，但是需要注意以下几点特殊的饲养管理事项。

★ 限制饲养（简称限饲）

限饲的目的是节约饲料，同时防止母鸡长得太肥。限饲时，鸡采食量应比自由采食时降低10%~15%，从8周龄开始限饲。

★ 换料

- 鸡的体重达标后进行饲料更换。
- 要逐渐更换饲料，且要将新、旧两种饲料混拌均匀，使鸡感觉不到饲料的改变。
- 方法：每天将原饲料总量分为6份，第一天用新饲料代替1份，第二天用新饲料代替2份，以此类推，在6天内将原饲料全部更换成新饲料。

★ **补钙**

随着雏鸡的成长，对钙的需求量逐渐增加，缺钙会导致蛋鸡瘫痪。因此，在蛋鸡育成后期应按时补钙，可将每日饲料中的钙含量提高2%左右。

★ **控制光照时间**

光照时间每天应控制在10~12小时。

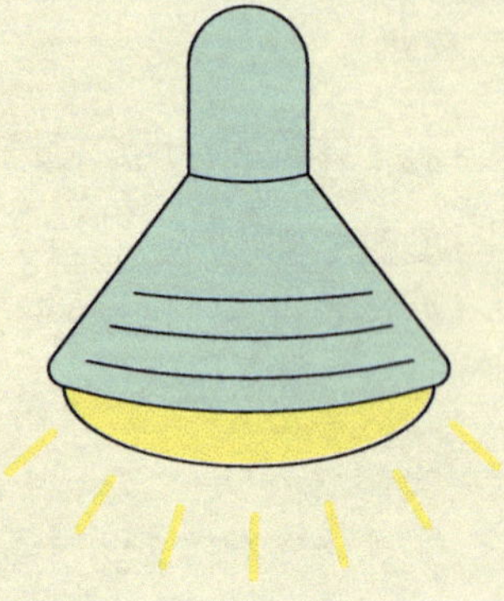

蛋鸡饲养管理

开产前后的饲养管理要点

★ 适宜的体重标准

如果蛋鸡体重不达标，可采取自由采食的方式，待体重达标后再补充光照。

★ 营养控制

从开始产蛋之时起，应让母鸡自由采食，一直到产蛋高峰期过后的 2 周为止。

★ 科学补充光照

一般从 19 周龄开始补充光照，每周依次增加半小时，直到光照时间每天保持在 14~16 小时为止，最多不能超过 17 小时。之后光照时间恒定不变。

★ 科学换料

育成料 —(产蛋率达 5%)→ 预产料（含钙 2%）—(过渡)→ 产蛋料

★ 开产后淘汰“假母鸡”

- 辨别“假母鸡”：鸡群产蛋率低，应怀疑存在“假母鸡”。
- 直肠检查：在早晨鸡群未产蛋前进行直肠触摸检查，观察耻骨开合情况。若鸡的耻骨开到3指宽，但经数日检查都未见有蛋产出，即可判断为“假母鸡”。

产蛋鸡的饲养

★ 饲喂与饮水

目的是保证蛋鸡吃好、喝好。

- 吃好：保证每日饲料中能量、蛋白质充足，钙、磷补充平衡。长期缺钙会导致蛋鸡产软壳蛋，甚至停止产蛋。
- 喝好：保证饮水充足、卫生。应保证蛋鸡产蛋前及熄灯前充分饮水。

★ 阶段饲养

- 三期饲养法：产蛋前期（产蛋率80%以上）、产蛋中期（产蛋率70%~80%）和产蛋后期（产蛋率70%以下）。

  产蛋前期饲料营养浓度要高，自由采食；产蛋中期在不控制采食量的条件下适当降低饲料的营养浓度；产蛋后期在降低饲料营养浓度的同时对鸡的采食量进行限制。

- 两期饲养法：产蛋前期和产蛋后期。

  产蛋前期应注意增加饲料中蛋白质、矿物质和维生素的含量。产蛋中期、后期母鸡体重基本保持稳定，产蛋率下降，但蛋重会略有增加，可适当减少饲料中的蛋白质含量。

产蛋鸡的管理

★ 日常管理

• 日常工作：喂料、捡蛋、清粪、打扫卫生、消毒。

• 观察鸡群：密切观察鸡群精神状态、采食饮水活动、粪便颜色、产蛋状况等情况，以便及时发现问题并解决。淘汰低产鸡和停产鸡。

• 减少应激：应减少环境变化，降低鸡群应激反应。

• 防疫：实施综合性防疫措施。

• 做好生产记录：统计存栏数、产蛋量、死亡数、产蛋鸡体重、蛋重等数据。

★ 四季管理

- 春季：春季是微生物繁殖旺盛的季节，应加强鸡舍的清洁和消毒工作，预防疾病的发生。

- 夏季：夏季要注意防暑降温，促进鸡群的食欲。

- 秋季：秋季要重点预防鸡的呼吸道疾病，适当补充光照，采取保暖措施。

- 冬季：冬季要防寒保暖，以防鸡群受冻。

蛋重的控制

★ 产蛋前期

提高蛋重。

★ 产蛋后期

减轻蛋重。

★ 技术要点

• 开产日龄、开产体重：开产日龄越晚的蛋鸡在产蛋期产的蛋越重，开产体重轻的蛋鸡（未达到性成熟体重）产的蛋相对较轻。

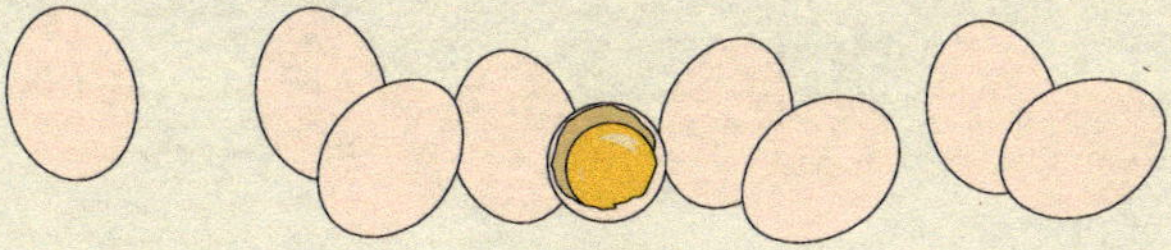

• 日粮要素：亚油酸参与脂肪代谢过程，对蛋黄的形成具有重要作用。每日饲料中的能量水平会影响产蛋量和蛋重，每日饲料中的蛋白质含量越高，蛋越重。

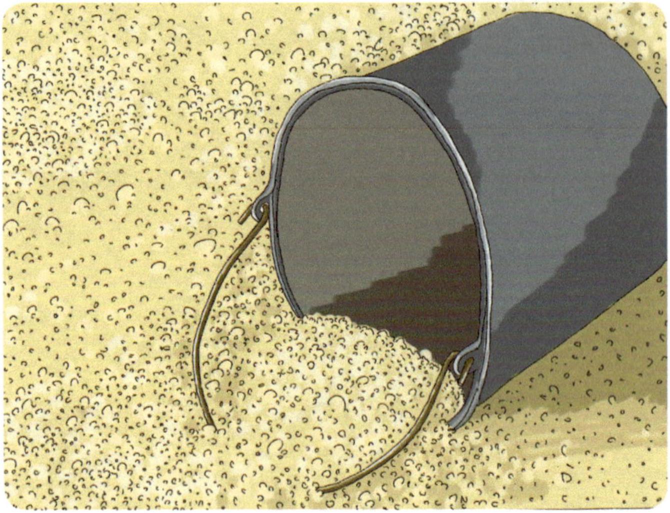

第四篇

怎么防治疫病?

综合防疫措施

- 加强饲养管理，提高免疫力。
- 严格执行消毒制度。
- 免疫接种。

蛋鸡免疫接种参考程序

蛋鸡免疫接种请参考表 4-1。

表4-1 蛋鸡免疫接种参考表

日龄	疫苗种类	用法
1日	鸡马立克氏病火鸡疱疹病毒活疫苗	颈部皮下注射
7日	鸡新城疫、传染性支气管炎二联活疫苗	滴鼻或饮水
14日	鸡传染性法氏囊病活疫苗	点眼、滴鼻或饮水（用量加倍）

续表

日龄	疫苗种类	用法
16日	重组禽流感（H5亚型）二价灭活疫苗	颈部皮下注射
21日	鸡新城疫、传染性支气管炎二联活疫苗	滴鼻或饮水
28日	鸡传染性法氏囊病活疫苗	饮水（用量加倍）
40日	鸡痘活疫苗	翼膜（无血管处）刺种
56日	鸡新城疫Ⅰ系活疫苗	肌肉注射、颈部皮下注射
60日	鸡传染性喉气管炎活疫苗	点眼、滴鼻
115~120日	鸡新城疫、传染性支气管炎、减蛋综合征三联灭活疫苗	肌肉注射、颈部皮下注射

免疫接种方法

饮水免疫法

在饮用水中添加疫苗的方法。饮水免疫法操作注意事项：在实施免疫前3小时（夏季，前2小时）应停止给鸡群供水，并反复清洁和消毒饮水器，然后用凉白开冲洗一遍饮水器，确保无残留消毒剂或异物残留。此法适于鸡新城疫Ⅱ、Ⅳ系和法氏囊等弱毒疫苗的接种。

点眼、滴鼻免疫法

将疫苗从鸡的眼睛、鼻子滴入接种的方法。此方法中弱毒疫苗从粘膜或呼吸道进入体内，能减少母源抗体对疫苗病毒的中和作用。

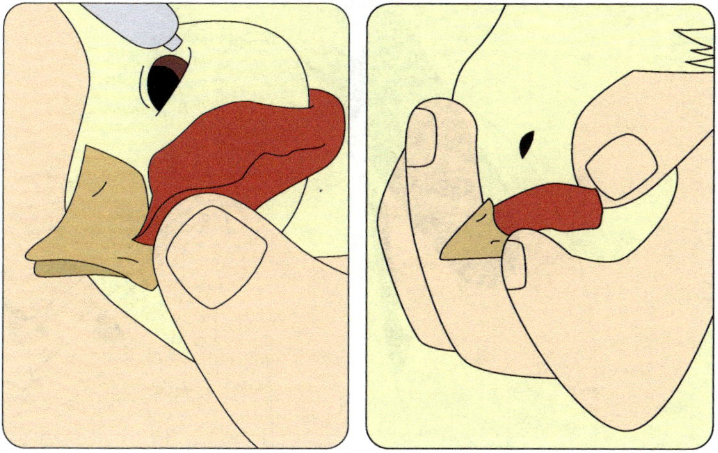

翼膜刺种免疫法

将疫苗按规定剂量稀释后，充分摇匀，用接种双峰刺种针蘸取疫苗，在鸡翅膀内侧无血管处刺种1~2下的方法。此法适用于鸡痘弱毒苗的接种。应严格按照疫苗说明书使用，过期的疫苗不能用。

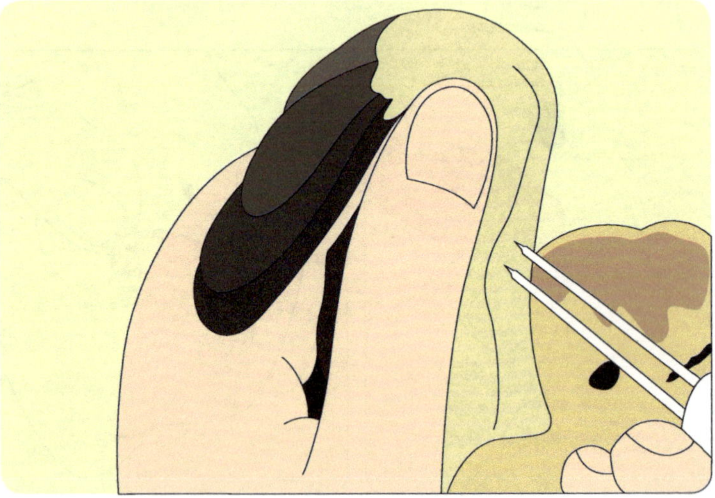

肌肉注射免疫法

注射鸡胸或者鸡翅根部位置的方法。肌肉注射免疫法按每只鸡0.5～1毫升的剂量将疫苗用生理盐水稀释，用注射器注射在眼、胸或翅膀肌肉内。

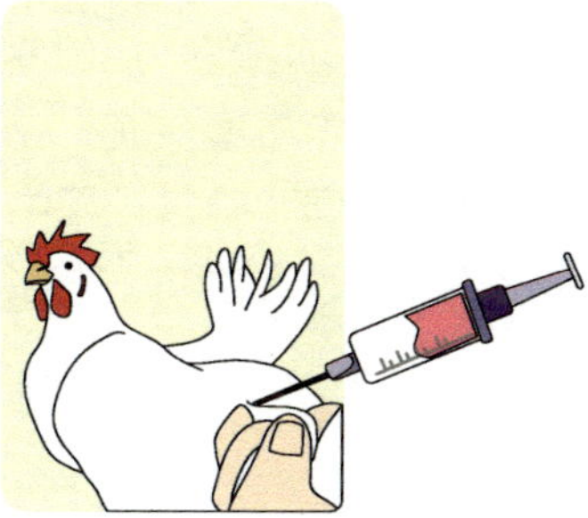

颈部皮下注射免疫法

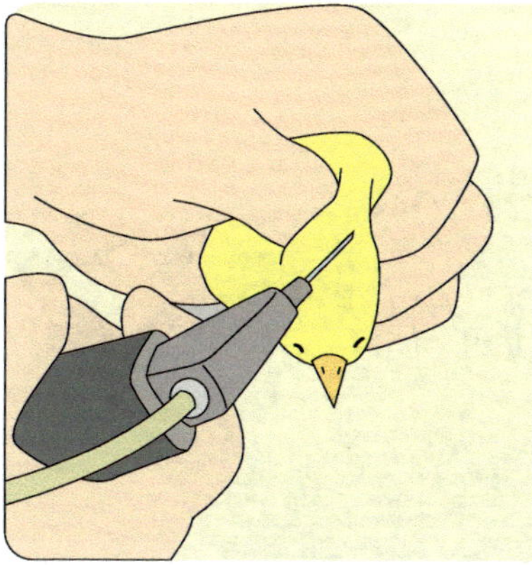

将疫苗注入皮肤与肌肉之间的组织的方法。此方法注射的疫苗被机体缓慢吸收后即可使鸡获得免疫，适用于马立克氏病疫苗及各种灭活苗免疫的接种。

喷雾免疫法

将疫苗均匀稀释，用喷雾枪喷于鸡舍空中的方法。喷雾免疫法注意事项：喷头应离鸡1.5米；喷雾前应关闭鸡舍的通风设备；喷雾过程中，操作者应注意做好个人防护；喷完半小时后才可打开通风设备。

疾病诊断

初步诊断

可以通过观察鸡的精神状态、采食饮水状况、呼吸状况、粪便颜色、产蛋状况等来判断鸡的健康状况。

如果发现鸡精神萎靡、采食饮水异常，被毛凌乱且尾翼下垂，出现劈叉、观星、歪头姿势，鸡冠颜色异常，眼睛发炎混浊，眼部、脸部肿胀，胫爪皮下出血水肿，呼吸困难，粪便颜色异常，产蛋率下降且产畸形蛋等情况，说明鸡生病了，需要马上咨询相关专业人士并及时进行治疗。

精神萎靡

被毛凌乱，尾翼下垂

呈劈叉姿势

呈观星姿势

头颈歪向一侧

鸡冠观察

眼睛、口、鼻、胫爪观察

眼结膜有豆腐渣样物质

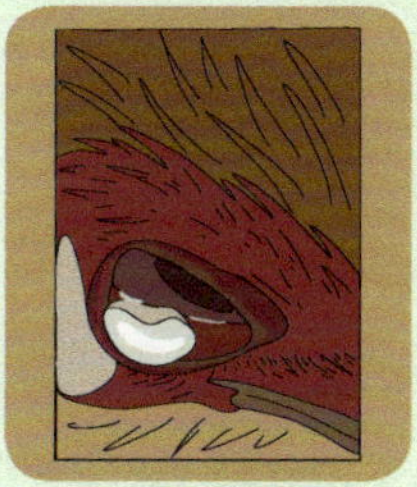

眼角膜浑浊

鼻部有大量黏液

张口呼吸

眼睛和脸部肿大

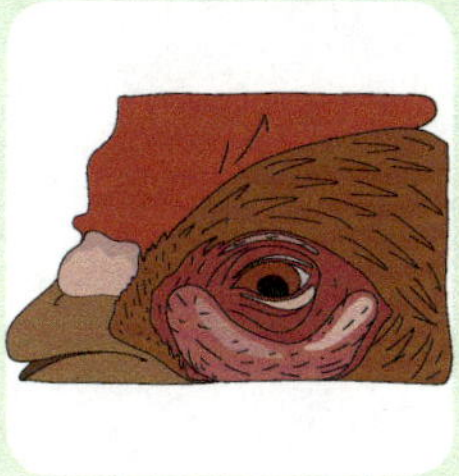

胫爪皮下出血水肿

粪便颜色观察

- 正常粪便：条形，干燥，灰色或灰褐色，且表面有一层较薄的白色尿酸盐，约占总排便量的1/3。

- 水样的粪便：肠胃问题、饮水过多、饲料含水量过多、肾胀肿大、用药过多等都有可能导致鸡拉水样的粪便。

- 饲料样粪便残留未消化完的饲料：表示鸡消化不良。

- 绿色粪便：一般是鸡新城疫、鸡马立克氏病、鸡传染性喉气管炎、禽流感导致。

- 白色稀粪：一般是鸡白痢、鸡传染性法氏囊病、鸡大肠杆菌病导致。

- 黄色稀粪：一般是盲肠肝炎、肠炎导致。

- 红色稀粪：球虫病、出血性肠炎导致。

产畸形蛋的原因

畸形蛋包括多黄蛋、软壳蛋、薄壳蛋、无壳蛋、无黄蛋、异物蛋、蛋中蛋、变形蛋。如果发现产蛋率下降且出现畸形蛋，可以从以下几方面查找原因。

- 营养方面：缺乏维生素D、维生素E、钙、磷、锌。
- 管理方面：光照不足、温度不适宜、噪音、气候变化、应激反应。
- 疾病方面：鸡输卵管炎、鸡子宫炎、减蛋综合征、鸡脂肪肝综合征、禽流感、鸡马立克氏病等。

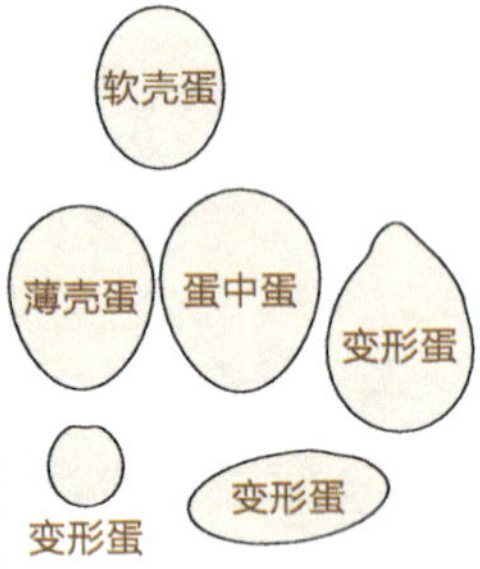

畸形蛋

常见疾病的防治

- 预防：接种疫苗，改善饲养环境，合理限饲。
- 处理：病鸡隔离、鸡舍消毒。病鸡严禁出售，并按规定进行焚烧或填埋处理。
- 防护：操作人员接触禽类时应戴上手套和口罩，穿上防护衣。

鸡新城疫

- 疾病症状：俗称“鸡瘟”，冬春季多发，死亡率90%以上。典型症状为呼吸困难，排绿色粪便，鸡神经机能紊乱，仰头、扭头、站立不稳等神经机能紊乱症状，出现减蛋综合征，黏膜和浆膜出血。
- 防治措施：加强卫生管理，做好免疫接种。发病鸡群可使用鸡新城疫Ⅰ系活疫苗进行肌肉注射。另外，如果养鸡场出现此病，应上报相关部门，进行相应的防疫处理。

呼吸困难

拉绿色粪便

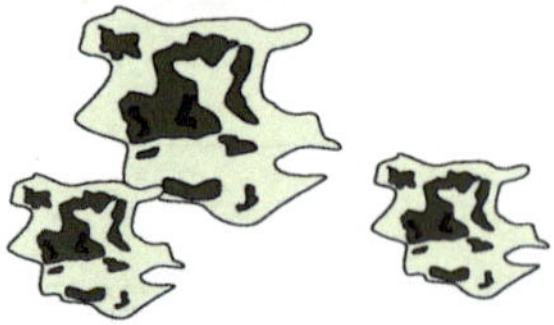

仰头、扭头、站立不稳

传染性支气管炎

- 疾病症状：冬季发病最为严重。典型症状为咳嗽、打喷嚏、气管啰音、雏鸡流鼻涕、常甩头、呼吸困难、张口呼吸，还可能出现产蛋量减少、产畸形蛋的症状，有些鸡剖检可见肾脏肿大、泛白、有花纹，俗称“花斑肾”。
- 防治措施：适时接种疫苗，加强饲养管理。可以在饲料或饮水中添加一些抗菌药物防止继发感染。

禽流感

• 疾病症状：一年四季均可能发生，但以冬春季较为多见。高致病性禽流感症状表现为病鸡精神沉郁，眼睛周围浮肿，鸡冠发紫，拉黄绿色粪便并带大量的黏液或血液，呼吸困难、咳嗽、打喷嚏，胫爪鳞片下呈紫红色或紫黑色，产蛋量急剧下降，等等。发病 5~7 天内死亡率几乎达到 100%。

• 防治措施：目前无有效治疗方案。可接种疫苗预防。养鸡场发现禽流感要立即封锁、隔离、消毒，并上报有关部门。确诊后，按规定将病鸡扑杀、焚烧。

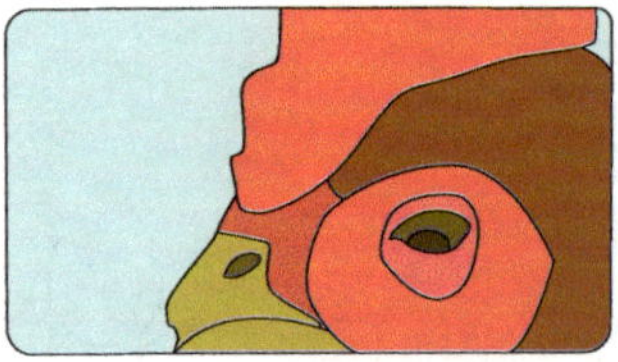

眼睛周围浮肿

鸡冠发紫

鸡输卵管炎

- 疾病症状：产蛋高峰期易发。主要表现为鸡疼痛不安，腹部下垂，产蛋量严重减少，产出的蛋蛋壳上往往带有血迹，产畸形蛋。剖检可见鸡的输卵管水肿、变粗，内有大量干酪样物。
- 防治措施：注意加强饲养管理，改善鸡舍卫生条件，合理搭配每日饲料，使用抗菌药物进行治疗。

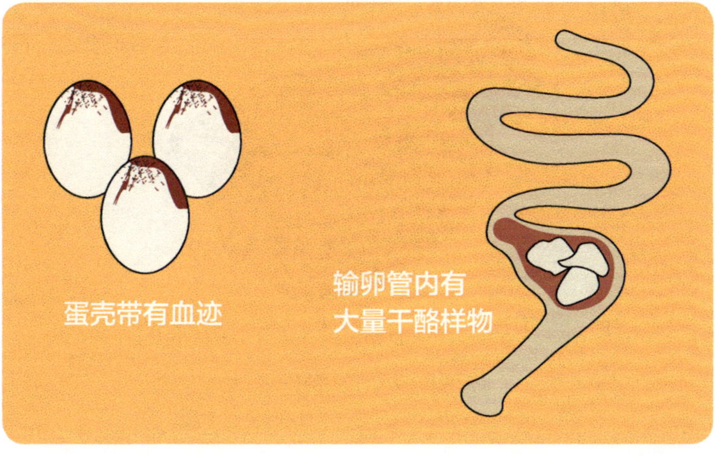

过度肥胖

- 疾病症状：表现为鸡的体形肥大，下腹部肥大，堆积大量脂肪，喜卧，鸡冠苍白，产蛋量减少。剖检可见其肝脏颜色呈浅黄褐色，卵巢发育异常。笼养鸡群更易出现。
- 防治措施：采取阶段饲养法饲养，合理限饲。

体形肥大，下腹部肥大

第五篇

怎么收集和储存鸡蛋？

鸡蛋的收集

- 鸡蛋的收集：收集鸡蛋时，应筛除畸形蛋、破损蛋。
- 捡蛋时间：上午多次进入鸡舍捡蛋，下午少次进入鸡舍捡蛋。收集完毕后，立刻对鸡蛋进行消毒。

鸡蛋的贮藏

- 常温贮藏：将收集好的鸡蛋放在通风良好、干燥、阴凉的地方，避免阳光直射、高温和潮湿环境。
- 冰箱贮藏：将鸡蛋冰箱的冷藏室温度调节在2~5 ℃，最佳温度为3℃。

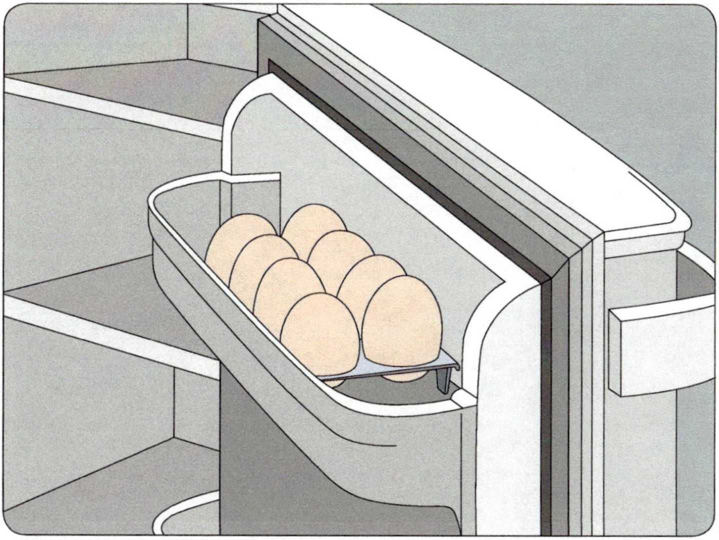

第六篇

怎么包装和运输鸡蛋？

鸡蛋的包装

在鸡蛋托中放置好鸡蛋后，将其放入普通木箱、纸箱或蛋箱中包装好。

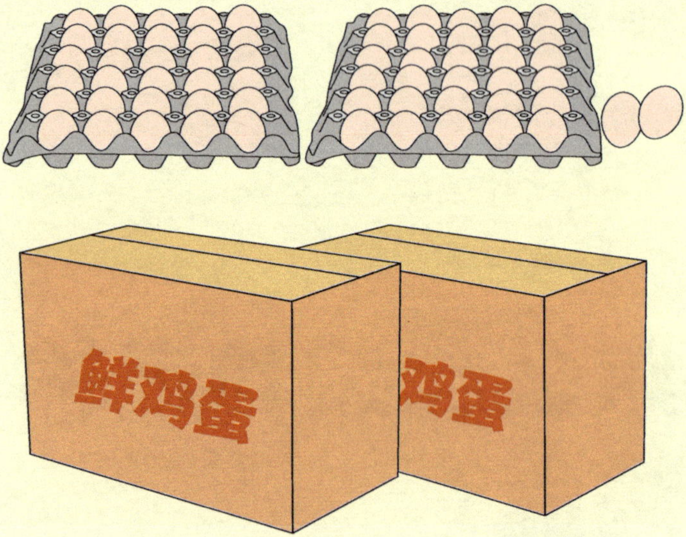

鸡蛋的运输

- 要保证运输时间尽量短，运输车要平稳行驶，搬运时要轻拿轻放。
- 注意避免日晒雨淋，冬季注意保暖，夏季注意隔热。